CUERPOS DE AGUA

RÍOS

Un libro de Las Raíces de Crabtree

DOUGLAS BENDER
Traducción de Pablo de la Vega

CRABTREE
Publishing Company
www.crabtreebooks.com

Apoyos de la escuela a los hogares para cuidadores y maestros

Este libro ayuda a los niños en su desarrollo al permitirles practicar la lectura. Abajo están algunas preguntas guía para ayudar al lector a fortalecer sus habilidades de comprensión. En rojo hay algunas opciones de respuesta.

Antes de leer:

- ¿De qué pienso que trata este libro?
  - *Pienso que este libro es sobre el agua y los ríos.*
  - *Pienso que este libro es sobre cómo se ven los ríos.*
- ¿Qué quiero aprender sobre este tema?
  - *Quiero aprender qué animales viven en los ríos.*
  - *Quiero aprender de qué tamaño es un río.*

Durante la lectura:

- Me pregunto por qué...
  - *Me pregunto si los ríos pueden ser pequeños.*
  - *Me pregunto cómo nadan los peces en los ríos rápidos.*
- ¿Qué he aprendido hasta ahora?
  - *Aprendí que muchos ríos tienen cascadas.*
  - *Aprendí que los ríos son largos.*

Después de leer:

- ¿Qué detalles aprendí de este tema?
  - *Aprendí que muchos ríos tienen rápidos.*
  - *Aprendí que la mayoría de los ríos tienen rocas.*
- Lee el libro una vez más y busca las palabras del vocabulario.
  - *Veo la palabra **cascadas** en la página 7 y la palabra **rápidos** en la página 12. Las demás palabras del vocabulario están en la página 14.*

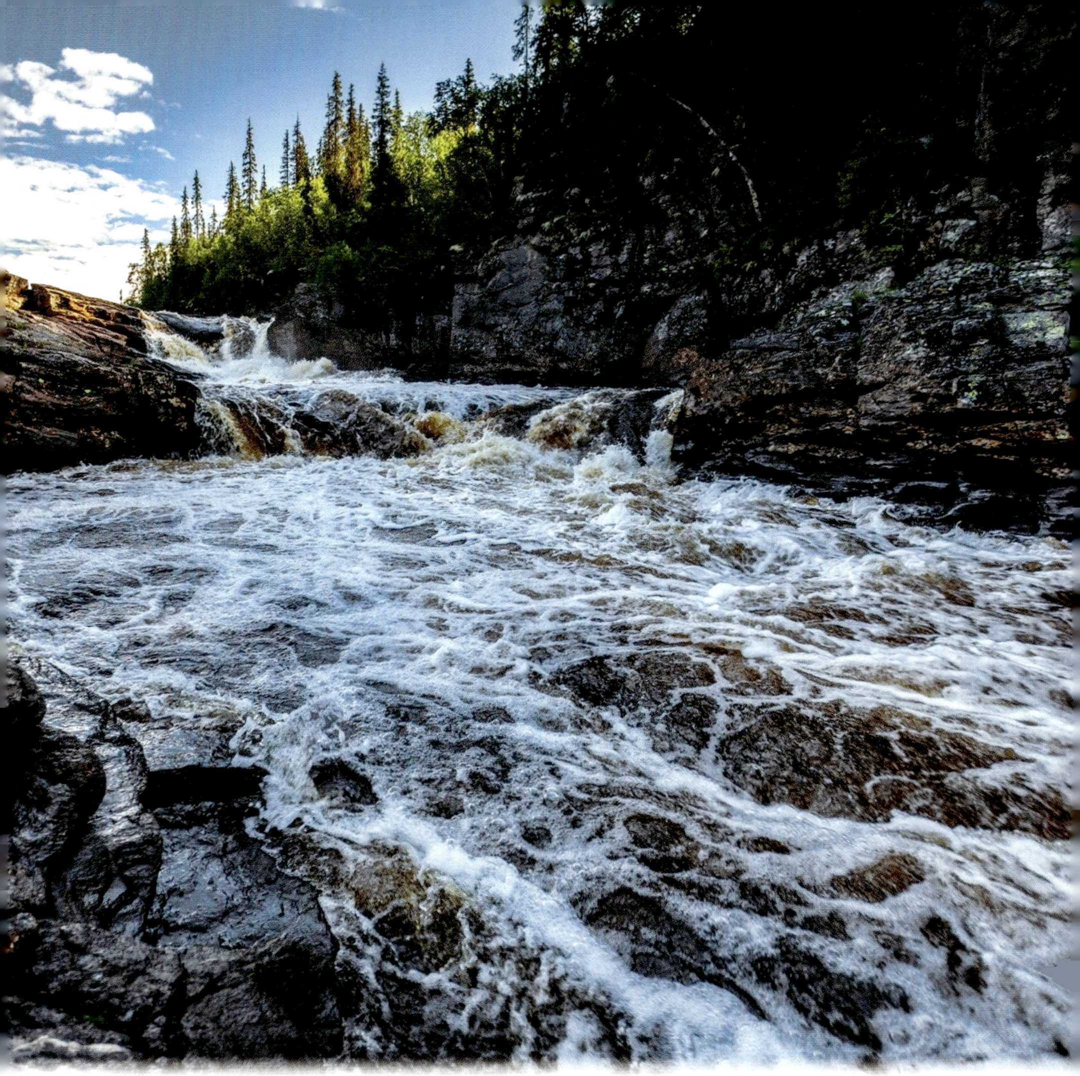

Este es un **río**.

Algunos ríos son largos.

Muchos ríos
tienen **cascadas**.

La mayoría de los ríos tienen **rocas**.

En algunos ríos
hay peces.

Muchos ríos
tienen **rápidos**.

Lista de palabras

Palabras de uso común

algunos
de
en
es
este
hay
largos
los
muchos
son
tienen
un

Palabras para conocer

cascadas

rápidos

río

rocas

28 palabras

Este es un **río**.

Algunos ríos son largos.

Muchos ríos tienen **cascadas**.

La mayoría de los ríos tienen **rocas**.

En algunos ríos hay peces.

Muchos ríos tienen **rápidos**.

CRABTREE Publishing Company

Written by: Douglas Bender
Designed by: Rhea Wallace
Series Development: James Earley
Proofreader: Janine Deschenes
Educational Consultant:
Marie Lemke M.Ed.
Translation to Spanish:
Pablo de la Vega
Spanish-language layout and
proofread: Base Tres
Print and production coordinator:
Katherine Berti

CUERPOS DE AGUA

RÍOS

Photographs:
Shutterstock: Smelov: cover; Denis Belitsky: p. 1; Liudmila Yagovating: p. 3, 14; Alexandr Vorobev: p. 5; 4045: p. 6, 14; Nikolay007: p. 8-9, 14; Menno Schaefer: p. 10, 14; BBrown: p. 13, 14

Library and Archives Canada Cataloguing in Publication
Title: Ríos / Douglas Bender ; traducción de Pablo de la Vega.
Other titles: Rivers. Spanish
Names: Bender, Douglas, 1992- author. | Vega, Pablo de la, translator.
Description: Series statement: Cuerpos de agua | Translation of: Rivers. | "Un libro de las raíces de Crabtree". | Text in Spanish.
Identifiers: Canadiana (print) 20210231084 |
Canadiana (ebook) 20210231092 |
ISBN 9781039614338 (hardcover) |
ISBN 9781039614390 (softcover) |
ISBN 9781039614451 (HTML) |
ISBN 9781039614512 (EPUB) |
ISBN 9781039614574 (read-along ebook)
Subjects: LCSH: Rivers—Juvenile literature.
Classification: LCC GB1203.8 .B4518 2022 | DDC j551.48/3—dc23

Library of Congress Cataloging-in-Publication Data
Names: Bender, Douglas, 1992- author. | Vega, Pablo de la, translator.
Title: Ríos / Douglas Bender ; traducción de Pablo de la Vega.
Other titles: Rivers. Spanish
Description: New York, NY : Crabtree Publishing Company, [2022] | Series: Cuerpos de agua - un libro de las raíces de Crabtree | Includes index.
Identifiers: LCCN 2021024404 (print) |
LCCN 2021024405 (ebook) |
ISBN 9781039614338 (hardcover) |
ISBN 9781039614390 (paperback) |
ISBN 9781039614451 (ebook) |
ISBN 9781039614512 (epub) |
ISBN 9781039614574
Subjects: LCSH: Rivers--Juvenile literature.
Classification: LCC GB1203.8 .B4518 2022 (print) | LCC GB1203.8 (ebook) | DDC 551.48/3--dc23
LC record available at https://lccn.loc.gov/2021024404
LC ebook record available at https://lccn.loc.gov/2021024405

Crabtree Publishing Company
www.crabtreebooks.com 1-800-387-7650

Printed in the U.S.A./072021/CG20210514

Published in the United States
Crabtree Publishing
347 Fifth Avenue, Suite 1402-145
New York, NY, 10016

Published in Canada
Crabtree Publishing
616 Welland Ave.
St. Catharines, ON, L2M 5V6